慢得刚刚好的生活与阅读

让每天发光的家居好物

篮子、木箱和老物件

（日）坏美穗 著

叶酱 译

化学工业出版社

·北京·

KAGO TO KIBAKO TO FURUDOUGU TO. by Miho Akutsu

Copyright © Miho Akutsu 2019

All rights reserved.

Original Japanese edition published by Wani Books Co., Ltd.

This Simplified Chinese edition is published by arrangement with
Wani Books Co., Ltd, Tokyo in care of Tuttle-Mori Agency, Inc., Tokyo
through Shinwon Agency Co., Beijing Representative Office.

北京市版权局著作权合同登记号：01-2024-1818

图书在版编目（CIP）数据

让每天发光的家居好物：篮子、木箱和老物件 /
（日）坏美穗著；叶酱译. — 北京：化学工业出版社，
2024.5

ISBN 978-7-122-45270-2

Ⅰ.①让… Ⅱ.①坏… ②叶… Ⅲ.①家具–设计
Ⅳ.①TS664.01

中国国家版本馆CIP数据核字(2024)第056895号

责任编辑：张 曼 王丽丽　　　　　装帧设计：王秋萍
责任校对：李雨函

出版发行：化学工业出版社（北京市东城区青年湖南街 13 号 邮政编码 100011）
印　　装：中煤（北京）印务有限公司
710mm×1000mm 1/16 印张 8½ 字数 150 千字 2024 年 5 月北京第 1 版第 1 次印刷

购书咨询：010-64518888　　　　　售后服务：010-64518899
网　　址：http://www.cip.com.cn
凡购买本书，如有缺损质量问题，本社销售中心负责调换。

定　价：68.00 元　　　　　　　　　　　　版权所有　违者必究

前言

　　我家由我、先生和今年四岁的女儿共同组成。翻新了年代久远的一居室公寓后，我们一同生活在里面。因为我正在经营一家售卖生活小物的网店，所以相比别人，对"物件"有更深的执着。那些给日常生活赋予色彩的"物件"，要如何布置才能营造出舒服的空间？我一边思考一边乐在其中。

　　我在网络上介绍自己生活中的点点滴滴，收到很多媒体发来采访邀约，感到荣幸的同时，也发生了很多意想不到的事。所以这一次，我打算把我们的生活整合成一本书。

　　回顾日常生活时，我发现自己憧憬的是一种简单、利落、物品极少，像最小值一样的生活。当我搬到现在这个家的时候，处理了大量"物品"。然而，简单的生活，并非是"这样也行"的生活。减少"物品"，本质上是为那些长期耐用的"爱物"而做的生活提升。本书中，我将以喜欢的老家具和老器物为引子，收集日常生活中的种种灵感，给大家介绍以下内容：不知不觉中增加的篮子／木箱多用收纳法；从家居中心的便宜杂货到名家的作品；给日常增添色彩的"物品"选择方法，等等。

　　我并非室内装潢或整理收纳方面的专业人士，因此有时候可能会让人大吃一惊，"咦，还有这样的收纳方式？"

　　我不过是想提供一种思路，"也可以有这样的做法啊！"能把我家的生活小窍门和大家分享，就感到很开心啦！

目录

第四章　家的轻松收纳

第五章　孩子的东西

第一章

收集“爱物”的家

My home

我们翻新了 40 年历史的老公寓

我家所在的公寓楼建成已有 40 年了，那是一栋没有电梯的大楼，但优越的环境比什么都吸引人。因为有两个不同方向的阳台、开得很大的窗户，日照和通风都无可挑剔。原本的房间布局是三室一厅，所以对墙壁进行重大改造也没问题。这样的前提条件跟预期一拍即合，于是着手开始打造我们心中理想的家。

以前住在这里的人家有三个小孩，所以之前的屋主人将房屋改造成三个单独的房间。然而我女儿还没上小学，不需要单独的房间，首要考虑的是扩大全家人共同生活的空间。

我的想法是，假如到时候女儿需要私人空间，就改变卧室的空间结构，变成 loft 形式。根据不同时期的生活需求，随机应变就行了。

我家迎接客人的机会很多，包括招待我们的朋友、女儿的朋友以及他们的家人、工作上认识的作家们，以及网店活动的庆功宴，等等。

因为有小孩子而不方便外食的情况下，在家聚会更好。家人就不用说了，但怎样能让上门的客人享受一段愉快的时光呢？这也是我需要考虑的。

于是我决定扩充客厅和饭厅的空间，不放置比较高、令人有压迫感的家具，并且以外露式收纳为主。

厨餐厅 /

家里最大的空间是厨餐厅。用餐和休闲都在这里。地板采用赤脚走上去也很舒服的橡木地板。我喜欢这种不过分华丽又略带粗砺的感觉。餐桌、椅子、书架等主要室内装潢都使用老家具。

起居室 /

日照充足的朝南客厅。最里面配置了一个定制的"小高台"，现在多数时间是女儿的游乐场。放在正中央的帐篷是我亲手做的。比预想中做得大了一些，不过颜色跟房间融为一体，也不会令人有压迫感。

客厅的另一侧。电视基本不怎么看，偶尔一家人一起看DVD。左边门后是卧室和衣柜。因为没用的墙壁已经全部敲掉，就只剩下这扇很像门的门了。其他还有卧室和洗漱台之间的拉门，仅此而已，极其简单的构造。

塞满喜欢的物品的家

搬来这里之前，我们住在一间新建的小型出租公寓里。虽说朝南的日照和通风都很好，但内部装修却不太符合我的喜好，就对这一点十分不满意。

我现在的目标是在新家塞满喜欢的东西。为什么呢？我们夫妻俩只要被喜爱的物品所包围，便感到心情舒畅。

现在家里安装了原木地板，水泥墙壁上陈列着老家具和名家作品，整个家都洋溢着爱物的气息。

当然，真正生活在其中，偶尔也会混入一些不怎么喜欢的东西。比如哗啦哗啦的彩色包装袋和塑料制品。

希望目之所及处都放着喜欢的物品，所以得把不喜欢的东西藏在看不见的地方。这种时候，我钟爱的篮子和木箱就要大显身手了。

然后，我们夫妻俩还有一个原则，就是给新家添置物品时，不管多便

宜的东西，都要深思熟虑一番再做决定。当然，大家有各自的喜好，也常会意见不合，这种情况下就需要更加彻底地探讨，互相做一些让步，寻找共同的"爱物"。

　　一点点扩展空间、填满喜爱之物，令身心极其舒适的家就成形了。

打造我家的三个要点

---

①

先扩展家人共同生活的空间

将原本的三室一厅改造成一室一厅一厨，由厨餐厅、附带小高台的起居室、卧室组成。这种宽松舒畅的房间布局，无论身处何方都能感受到家庭的气氛。

②

钢筋混凝土 + 原木 + 不锈钢

我家采用了去除了墙纸的混凝土墙壁、赤脚走在上面也很舒服的原木地板、不锈钢材质的工具栏和把手。家装材料尽量避免用塑料，保持风格的一致。

③

选择物品以"喜欢"为基准

喜欢简单却能让人感受到个性的物品。从前我只看重设计，最近开始仔细考量材质和形状，能够明确分辨自己的喜好。

扩大起居室和厨餐厅空间的结果是，卧室仅作为"睡觉的地方"来区隔，空间极小，我们尽最大努力做到空间布局张弛有度。反过来说，公共空间很宽敞，可以在里面做许多喜欢的事情。从餐厅的最远处眺望厨房，这个视角让我非常称心。

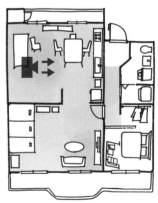

以餐厅为中心聚集起来的空间

　　约 20 平方米的厨餐厅和起居室是我家的中心。不管是家人一起度过的时间，抑或有客前来，大家都会聚集在这里。餐厅最里边放着网上淘来的带脚床垫，可坐也可躺，是绝佳的放松空间。女儿可以爬到上面玩、滚来滚去睡个午觉；先生吃完饭就迷迷糊糊在上面打个盹。如果放置很多靠枕就能代替沙发，客人来的时候变身成孩子们的游乐场，同时也能替代床的功能，实在是不可或缺的万能空间。

喜欢的食器，像装饰品一样收纳

我并不想要一个带玻璃门的"餐具柜"，取而代之，在中古家具店买了没有门的柜子。原本那个柜子是带门的，只不过买的时候门已经遗失。

决定在厨房全都放置自己喜欢的东西之后，门和抽屉就没有存在的必要了。严格甄选自己真正喜欢的东西，哪怕一直展现在眼前也觉得很舒服。因为全是使用频率很高的东西，无需担心积灰。这便是能够兼顾"装饰"和"实用"功能的柜子了。

用途多多的"小高台"

进行翻新的时候，"小高台"让我怀抱必须拥有的热切期望。当时我到处翻阅有关房屋翻新的书，于是便知晓了这样一种存在。优哉游哉地在上面滚来滚去，家里会充满乐趣！于是我立刻在翻新项目中增加了"制作小高台"这一条。

这个专门用橡木量身定制的"小高台"，是我家的标志。既可以靠坐在边缘，又可以和女儿一起坐在上面玩过家家游戏。

挪开玩具、铺上坐垫的话，马上就能变成招待客人的空间。那种场合，只需从天花板放下布帘，形成一个围屏就好了。

只有小高台处采用了人字条纹图案。我很喜欢这一点小心思。

进入12月后圣诞树开始亮相，过季后就收纳在小高台下面。

大型物品的收纳在此汇总

所谓小高台，就意味着地板下面全都是收纳空间。我不想放置橱柜、收纳箱等任何笨重高大的家具，于是这里就成为最主要的收纳场所了。我家小高台的容积是270cm×180cm×48cm，抽屉式，进深和高度都足够，收纳能力超群。换季用品、露营用具、沉重的日用品等都收纳在里面。

干活的时候孩子也在视线之中

在小高台和阳台之间的小小缝隙中，我放了一张旧货店淘来的桌子，作为自己的工作场所。主要都是一些文件发送类的工作，即便女儿在家，只要她在小高台上玩耍，必然会在我的视线当中，这让我感到安心。

工作相关的书本、包装材料等，分门别类装箱后，放在桌子下面的橱柜里，以及桌子上方的搁板上。实际上小高台的抽屉里，也收纳着一部分包装材料和库存品，狭窄的空间也能高效地工作。能一边和女儿说话一边工作，实在很省心。阳光照入室内令人心生愉悦，虽然狭小，却是我心中中意的场所。

敢于用开放式搁板

外露式收纳是我家的主要方针。厨房、起居室、洗漱间都有搁板，支架是我从家居中心和网上采购的。起居室搁板我想要古玩手感的大尺寸支架，所以花了一些时间去寻找。搁板要承载重物，所以我买了 2.5cm 厚的橡木板进行分割。然后由丈夫打磨木材，将天然涂料涂在上面后收尾。

顺便说一下，我们希望洗漱间呈现出轻快的感觉，就把搁板的厚度控制在2cm。

找到真正喜欢的东西之前，就等待吧

实际上，我家的窗帘还处于临时状态。如果能找到充满活力感觉的窗帘就好了，若找不到，也不想随便安装一幅在家里。碰到类似情况时，不要着急，在找到"真正喜欢的东西"之前静静等候吧！窗帘的话，亚麻之类的天然材料最为理想，与空间的融合度也高，但怎么都没碰到合适的。现在暂且将白布用长尾夹夹住后作为窗帘使用。

起居室的沙发和咖啡桌也是临时状态。等碰到真正喜爱的物品后，再买来替换。

惹人喜爱的木质灯罩，是木工艺术家Uda Masashi的作品。原材料来自樱花树。

温柔的灯光

夜里睡意蒙眬，温柔的灯光是最好的。可能是这个原因吧，我和丈夫从学生时代起就很喜欢喝茶和咖啡，一起住之后，两个人的家自然而然就带上了一丝幽暗感。因此被我母亲批评说"家很阴暗"，也是事实。

虽然想把灯泡统一成透明款式，但买灯的时候，套装里的不透明灯泡是LED的，使用寿命更长。等到它寿终正寝的时候，准备再买透明款式的灯泡换上。

1. 灯座是"toolbox"的，灯泡则是在家居中心购买的。

2. 起居室使用的珐琅灯罩，两个都来自"长泽照明"。

3. 厨餐厅的放松空间。跳蚤市场购买的灯座配上"宜家"的灯泡。

4. 连接透明灯泡的简单款吊灯在跳蚤市场购买。

5. 玄关照明是"toolbox"的灯座和"宜家"的灯泡。

从天花板往下垂吊的体系

在超市购买的螺母和吊环螺丝，一套差不多 200 日元（约 9.5 元人民币），我把它们嵌在天花板的各个角落。不仅能吊起提线活动玩偶、植物盆栽，还可以在中间穿根木棒晾衣服，非常方便。我在小高台上方的天花板也设置了吊环螺丝，家里有客人来住宿的时候，只要从上面挂下遮挡的布，立刻就变成独立的房间了。

虽然吊环螺丝采用了哑光的银色，但只要螺母大小吻合，立刻就能替换成其他款式。

尽量避免悬挂太重的东西，像床单、毯子这类东西的晾晒还是绰绰有余的，相当耐用。

吊环螺丝厨餐厅有4个，起居室有6个，卧室有2个，总共安装了12个。

在步入式衣柜的门口安装了一根晾衣杆，并非吊环螺丝的款式。晾衣夹派上了大用场。

我决定在南侧窗边的吊环螺丝中间，挂上一根晾晒衣服的木棒。

家的要点 **1** 和翻新相关的二三事

　　新建公寓、独栋房屋、老旧公寓，我们看了很多类型的房子之后，突然冒出一个想法：或许翻新公寓也不错啊？绿化充足、能安心让孩子玩耍的环境十分有魅力，景色不错，离学校也近，住起来很方便，于是就把翻新作为后备选择了。虽说新建公寓非常漂亮，但能够实现自己理想的旧房翻新更有吸引力。

　　买房子的过程很顺利，然而到了真正要进行翻新的阶段，才发现一个事实：还没有找到喜欢的土木建筑公司。最后只剩下一个选择，就是用跟房产中介公司有长久合作关系的建筑公司。对于一直在杂志和网络搜集信息、已经形成固化思维的我们来说，犹如晴天霹雳。然而沟通和试工都很不顺利，在整体翻新开始前，换成了当地一家建筑公司来进行作业。

翻新的时候，女儿还很小，所以挺不容易。尽可能筹集自己喜欢的原材料，搁板的打磨和上漆也都由自己完成。

我家的翻新工程，在没有建筑师的情况下开始了。能拆的墙壁则拆，墙纸和天花板去掉，卧室的大小仅供睡觉，尽量扩大厨餐厅和起居室的面积。

我们自己不会画设计图，只能一次次将期望的样子画出来，做成要点说明书。比方说小高台，尺寸根据我们要求的来做，完全是定制版。虽然建筑公司制作人字形花纹的地板相当不容易，但最终完成度还是挺高的。为了缩减建筑材料和预算，我们在地板商、家居中心、厨房样板间之间来回奔走，依靠自己的力量置办。花费了更多的时间和人力，最终建成了自己理想中的家，非常满足！

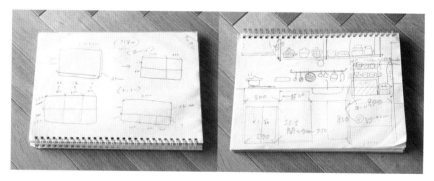

自己画的设计图。画了很多次才画出理想中的样子。厨房等基本按照画的样子呈现出来了。

墙壁和地板这两个我特别重视的部分，用喜欢的东西进行装饰。蓝色的门是需要突出的点，洗漱台、起居室、卧室都装上了骊住（LIXIL）品牌的门。

另外，插座套、配电板、壁钩等细节上的东西，也专门花了心思挑选。配件就在网上和家居中心等各个地方寻找。

我跟丈夫一起一样样寻觅、玩味，再购买，我认为只有这样，才能真正打造出具有自我风格的空间。在此过程中，有好几次因为尺寸和预算不合适而不得不放弃，只能尽量在能力范围内挑选。两个人用"爱物"填满了家。

1. 本来想用古董风格的门，因为高度问题最终放弃。

2. 厨餐厅和起居室用拱门作为分界线。原本的构造就是这样，正好成为房间的一个亮点。

3. 为了更好地融入混凝土墙壁，我在网上购买了灰色插座套。

4.5.6. 配电板的话，棒形开关和美式开关都在网上购入。原本想统一使用棒形开关，但因为配线规格问题，只好采用两种类型。

7. 玄关墙壁上，将钩子、圆棒，以及S形挂钩组合成为自制衣架。

第二章

为家增添色彩的东西

Goods & Furniture

简洁之外，也要增添色彩

构成我家的混凝土墙壁、原木地板、不锈钢和灰色部分，统统都带有冷冰冰的感觉。然而我们用心地添置老家具和艺术作品，增添色彩后，便成了有温度的空间。

家具主要采用老物件，经过悠长岁月后与日俱增的独特存在感，能够将房间里的空气温柔包裹起来。

关于家具配置，我们想要色彩丰富一些的，但彩色家具又不太合适。最终，我们决定选用拥有沉稳的配色和强烈的主张的纺织品，给不够风雅的软装增加一点华丽的感觉。

喜欢的名家作品也可以加进来，它们是室内装饰的好搭档。我家的标志之一，正是那些带有木头温柔质感、又能抚慰人心的作品。书架上、墙壁上、天花板上，到处都装饰着，不管身在何处都能看到。

1. 我家的烧水壶和杯子。露营也好、在家也好，都能使用。

2. 小鸟装饰品。刚买来的时候小鸟上方一圈圈缠绕着铜丝，我觉得不好看就把它拿掉了。

3. 阿拉丁暖炉是在二手店购买的。非常有韵味，我很喜欢。还能烤番薯和年糕当下午茶。

　　其他方面，像业余爱好的露营用品、应季物品等，选择性放置一些喜欢的作为装饰。

　　被爱物包围的空间，令人倍感舒适，自然而然大家脸上都充满了笑容。

迷上了自带故事的老物件

　　餐桌、椅子、餐具柜……我家的家具基本上都是老物件。自从拜访了益子（日本栃木县东南部的一个小城，盛产陶器，以益子烧出名）的"仁平老器具店"后，我开始迷恋上老物件。它们历经长时间的岁月沉淀后，拥有宁静的稳重感和深邃的存在感，新东西不可能具有这种魅力。每一样老物件都有自己的个性，当它们各自的时间重叠在一起后，玩味起来会更有乐趣。我们不想跟其他人雷同，选择老物件最好不过。

　　一旦买下来，我们就会继续寻找与之匹配的老器具。它们让家里的风景变得更温柔，让家变成更美丽的屋子。"很久以前如此使用过的东西"，听到关于老物件背后的故事后，会觉得它分外惹人喜爱。

餐具柜

某一次当天往返的益子陶器集市之旅，我们偶然在一家古董店里淘到的餐具柜。通常我都会再三品味之后做决定，然而只有那次，一下车就决定是它了。

书立

餐具柜的最下面一层，放着一个古董书立。

餐具柜是竖着摆起来的。没有经过测量就买下了，结果尺寸刚好放入窗与窗的缝隙中。

电视柜

怎么也找不到适合房间的电视柜，最终在仁平老器具店的网店找到了。本来想着说，好像当桌子用也不错啊。价格合理、状态也不错！

抽屉柜

放替换电池、手电筒等小物的抽屉柜。大约10年前，我第一次去仁平老器具店时买的，用车装回来。

工作台

商品配送、书写信函等工作会用到这张桌子。

马口铁盒子

这个白铁皮盒子平时不怎么用，我悄悄把一些还没法扔掉的玩具藏在里面。

餐桌

设计简单的餐桌，遇见它的时候，它就像日常用品一样陈列在店门前。走进去一看竟然带有标价，立刻决定买下！

椅子

椅子我们没有成套购买，而是收集了喜欢的几种不同设计。在客厅做事情的时候，也会把椅子移过来。两把复古椅子都是英国制造的。

地毯的存在让空间张弛有度

为了让空间看起来更张弛有度，推荐使用小地毯。

我想给实木地板增加一点颜色，于是，开始寻找很久以前就中意的暖色调基里姆地毯。自然是要老物件，我喜欢有历史感的东西。对基里姆的种类和背景做了一些研究后，我毅然决定购买游牧风格的图案。

手作的地毯，每一件都有它自己的表情，魅力无穷。像地毯和靠枕套这类东西，也能给室内装潢作出巨大的贡献。

和丈夫商量之后，决定把"红色"设为我家的突出色。网上找到的基里姆地毯大小是243 cm *157cm。基里姆地毯下面铺着松软的棕垫和棉垫，定期拿出去晒，平时就用粘毛滚筒清理。

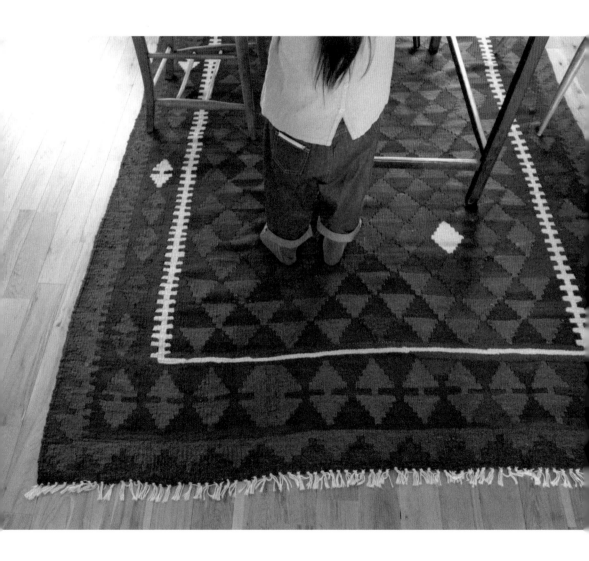

电视机旁边，摆放着我的首饰、女儿的发饰，以及出门前需要快速拿的小物件。底下铺着小基里姆毯。

搬家的时候，把不需要的东西都处理掉了。作为替代，就入手了一块小的细绒毯，放在穿衣镜下面。

基里姆靠枕套是在专门售卖基里姆的网店里一点点搜罗来的。几何形的图案也好、配色也好，挑选的过程也是一种乐趣。顺便提一下，纯色的靠枕套也很好用，魅力在于同任何东西都好搭配。

装饰名家的作品

　　装点新家的物品里面，也有来自名家的作品。比如木工艺术家 Uda Masashi、创作木版作品的彦坂木版工坊、制作木头工艺品的 iriki……每一样都带有木头的温润感觉，我被深深吸引了。日常生活有它们的陪伴，一定会很有乐趣。于是我到处收集名家作品，用以装饰我们的家。

　　既带有艺术感，也考虑到实用性，这类作品无论观赏还是使用，都让我的内心无比丰盛。其中也有我女儿在 Uda 体验课上做的东西，每一样都充满回忆。

Uda Masashi

我对他的作品一见钟情。Uda 先生创作的东西很独特，同时拥有可爱的外形，我非常喜欢。除了灯和活动雕像，刀叉和砧板都拥有木头的温润感，成为我生活中不可欠缺的一部分。

这是灯罩。我很喜欢灯罩内侧削过的木头纹理。温柔的灯光笼罩着我家的餐桌。

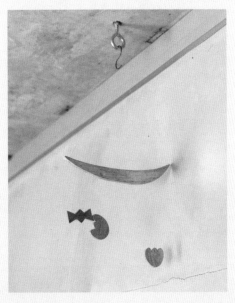

我女儿在Uda Masashi工坊里上色的木制活动雕像，给冷冰冰的水泥墙壁，增添了一丝柔软的神情。

彦坂木版工坊

　　彦坂有纪小姐和 morito izumi 先生从 2010 年开始经营木版工坊。为了向大家传递木版作品的魅力，他们亲自做了展览、体验课、绘本、包装、广告等各种形式的推广。在他们开网上杂货店之前，我就已经是忠实粉丝了，还跟女儿一起看他们的绘本，乐在其中。

画着无花果乡村面包的木版画，是我家的宝贝。他们两人画过形形色色的食物，其中面包系列最受欢迎。

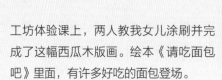

工坊体验课上，两人教我女儿涂刷并完成了这幅西瓜木版画。绘本《请吃面包吧》里面，有许多好吃的面包登场。

Iriki

Iriki 把大自然里有趣的形状、动物、植物等，通过玩具、小装饰物、桌面摆设等形态表现出来。将实木木材切割、上色，每一个步骤都是纯手工操作。柔和的配色，能赋予日常生活温厚的感觉。

实木原材料切割后制成的装饰小物，每次看到都会心一笑。

独特的配色，引起内心的雀跃之情。
像花一样插在玻璃瓶里。

餐厅上方悬挂着飞鸟的活动雕像，
展翅欲飞的样子十分可爱。

随处可见的干花

我家到处装饰着各种各样的干花。女儿生日和我们夫妇的结婚纪念日之类，也是我家会摆放鲜花的特别日子。重要的东西不想就这么扔掉，哪怕只是形态留下来也好。怀抱这种心情，我开始制作干花。与其说制作，不如说只是把花倒着悬挂起来。旅行或回乡的情况下，好几天都不在家，那正是制作干花的最佳时机。等回到家，水分已尽数脱干。花环、花垂、花束里，都珍藏着这个家的重要回忆，棒极了。

在跳蚤市场发现的干花。虽说干花的寿命只有一年左右，在我家却放了好几年，给屋子增添了温暖的感觉。

窗帘轨道上方的花环和花垂是女儿一周岁生日时让人做的。干花让煞风景的窗帘轨道变得多姿起来。

陶器集市偶然逛到老家具店，买到了这张蚕网，正好把干花插在上面。

为祝贺搬入新家，品位很好的朋友送来了干花花束。

重要的朋友送的乔迁礼物。

花店工坊举办活动时，我和两岁女儿一起做的花环。

可爱的篮子是家的温度

继承了母亲对篮子的爱好，我从小就很喜欢篮子。母亲拥有许多篮子，其中我最喜欢的是小小的篮子们。在我记忆中，曾经用小篮子装着小动物玩偶玩。

直到我和丈夫开始共同生活，才将篮子作为日用品来看待。为了应对全新的生活，我们买了很多篮子。有所谓的篮子包，也有不外出

我家很少见的柳编篮子，可以把基里姆靠枕和棉垫放在里面。

我喜欢网眼密的篮子。放入绿植的篮子相当好用，我家总共有七个。

使用、只放在家里作为收纳工具的篮子。这种形状方便放东西，这个大小用起来很方便……不知不觉中，入手了各种篮子。因为超级便利，越用越喜欢，只有篮子是凭着直觉购买的。

旅行目的地、回老家的时候、途中的车站、跳蚤市场、陶器市场……篮子大多在出远门的时候购入。对形状、大小没什么要求，只要遇到喜欢的颜色和网眼宽幅，我会立刻买下，经常抱着超大的篮子去坐新干线。用途只是大概想一下，拿回家后再慢慢考虑。可以把便当装进去带出门，也可以把保鲜盒整理好放进去，还可以当作洗衣篮使用。篮子的好处在于，这次用完之后，下一次、再下次，可以根据当下的生活需求改变使用方法。

因为给人一种"二手老家具风格"的强烈印象,很多人都认为我家没有高性价比的小物品。其实不然,当我说有不少宜家、无印良品的东西时,大家都很惊讶。百元店买的东西也有很多,家居中心难道没有能用的东西吗?我常常会去搜寻。

每当我怎么也找不到想要的东西时,先不放弃,继续去网上寻找。翻新过程中一些必要的物料,大多是在网上找到的。

循环利用当然非常欢迎。尤其是通过跳蚤市场,往家里迎入了超多东西。基里姆自然不必说,灯罩和照明部分的配件也能找到,真的非常方便。

放在厨房里的竹编篮筐(右边两个)和挂在上面的锅垫都购于家居超市。

这里都是高性价比的小东西,包括篮子、毛巾、枕头、抹布、过家家套装,等等。

还有就是从我老家带来的东西，仍旧很珍惜地使用。小高台上面放置的儿童用椅子，正是我小时候的物品。现在我女儿很喜欢它。

第三章

厨房和餐厅带来幸福感

Kitchen & Dining

所有东西都外露可见，
钟爱功能性的厨房

　　家里我最喜欢的地方是厨房。早晨起来，打开窗户，视线望向厨房的那个瞬间，便是我最幸福的时刻。厨房完全由我喜爱的物品组成，哪怕只是看着它，内心都激动不已。我家装修的事情，基本上都是和先生商量后决定的，只有与厨房相关的部分全是我自己说了算。

　　我选择用不锈钢炉灶、水槽、台面、换气扇的组合来安装整体厨房。整体厨房通常给人的印象是带有很多抽屉，但我家厨房的抽屉只有一个。倒不如说是我刻意选择了它。

　　厨房里使用的碗碟、工具、篮子，每一样都是我喜欢的东西。藏起来的话就太浪费了，所以我采用了外露式收纳。总之就是全部并排摆放，餐具自然不用说，锅垫、茶漏、咖啡滤杯、饭勺、菜刀、砧板……考虑到用起来顺手，再经历数次试错，终于找到了适合它们的位置。锅具和调味料一目了然，连客人都能立刻知道什么东西放在哪里。

因为没有刚好能够放电饭煲的地方，多数时候，我直接把它放在厨房旁边的凳子上。在电饭煲上面盖一块布，仅仅看黑色部分的话，跟厨房的整体风格还挺搭。

　　有几样东西虽然重要，但外表我却不怎么喜欢。为了让它们不太引人注目，我好好下了一番功夫。小东西就直接收纳在篮子和木箱里。另外还有一样完全不想外露的东西是电饭煲。尽管它能煮出非常美味的米饭，但盖子的配色实在无法融入厨房。于是我在上面盖了一块布，将它从视线中隐藏起来。

篮子、箱子、袋子
是我家的抽屉

换气扇上面也放着很大的篮子。有篮子的话，"死空间"也能成为优秀的收纳空间。

大的竹编筐和平底煎锅等，就用S形挂钩挂在换气扇下面。

我太爱这个被所爱之物塞得满满当当的厨房了。外露式收纳不仅看起来美观，什么东西放哪里一目了然，用起来也很方便。平时不太用的东西以及不太想让人看见的东西，全都放入篮子、箱子和纸袋内收纳。厨房唯一的抽屉放刀叉、烹饪用具等，这些小物品色彩各异，所以不太想直接呈现在外面。

灶台下是垃圾桶。分为可燃垃圾和不可燃垃圾。其他东西悄悄放在垃圾桶后面。

抽屉里放着刀叉餐具、保鲜膜、茶包等小物品。利用分装整理盒，清爽整洁。

咖啡滤杯、刮刀、
锅垫等东西都挂在
墙壁挂杆上。

平日使用的食器都摆放在靠墙
搁板上。每天都用的东西，要
放在手立刻能拿到的地方。

家里的黑箱子。
里面偷偷藏着卡
通人物彩绘盘子
等物品。

储存饮用水和蔬菜都在这个篮
子。哪怕直接放在地板上，篮
子看起来也很可爱。

常用的东西随手可以拿到

1

做点心用的篮子

家里做点心的时候，需要用到许多模具。篮子购于益子的"益古钟表店"。

2

放药品的篮子

益子的陶器集市上，有一家店每年都会出摊，篮子就是在他家购买的。放入药品后，摆在较高的地方保管。

3

便当组合

便当组合放在我母亲留给我的篮子里。便当不是每天都做，所以也放在较高的地方保管。

4

放塑料容器的篮子

从大阪的大陶器集市上带回来的大篮子，里面放了各种不同尺寸的塑料容器。

5

放零食的篮子

在途经车站买的大篮子，零食、茶等东西逐个放在里面，摆在我女儿能够到的地方。

6

野营用品篮子

不锈钢网状篮筐，放野营时使用的烧水壶等用品。

7

抹布篮子

厨房里常用的亚麻类制品，都一起收纳在水槽旁边的不锈钢网状篮筐里。

8

黑箱子

无论如何也舍不得丢弃的卡通系列餐具，就默默收在这个黑箱子里。

9

瓶装水篮子

经常使用的瓶装水，放入篮子里，立在冰箱旁边待命。

10

蔬菜篮子

蔬菜放在由布院温泉带回来的篮子里，直接搁在地板上。

11

随时待命的盒子

木盒放置很少出场的水壶和孩子用的碗碟。

12

塑封袋箱子

木箱中放入密封袋、咖啡滤纸、替换用海绵巾等物品。

13

遮挡起来的篮子

惹眼的章鱼小丸子机器不想暴露在外。于是便收纳在纸板文件箱里。

14

垃圾篮子

垃圾袋存货和可回收垃圾等，都收集在大篮子里。

纸袋怎样都不舍得扔

　　我很喜欢可爱的纸袋。有特别中意的纸袋，我就拿来用作收纳用具。里面可以放纸杯、纸盘等孩子们的派对用品。因为纸袋设计很好看，哪怕放在外面也不影响室内装修风格。"纸制材料＋茶色"的组合，完美融入房间的风景。

纸袋里放着小客人来访时用的纸盘和纸杯类物品。刨冰机因为装在塑料袋里不美观，也一起放入纸袋保存。能够再利用的塑料袋和纸袋，也一齐收纳在纸袋里。

常用的东西放在操作台上

　　每天都要用的东西，为了在使用时立刻拿到，通常都并排放在操作台上。其中大显身手的有"hario"、"宜家"、"KINTO"的密封罐。因为是玻璃制品，什么东西放在里面一目了然，并列摆放的样子也很可爱，我十分喜欢。长筷子、木质的刀叉、路易波士茶套装都放在小篮子里。玉米脆片、咖啡、米都是拿出一些放在密封罐里，之后再补充替换。密封罐里放不下的部分，就放在冰箱和篮子里储存。

调味料要摆在最常用的地方

网络上经常被人问道："调味料放在哪里？"我家没有放调味料的抽屉，就直接放在最常用的位置。

需要把东西放在外面的时候，我最在意的是包装。包括瓶装水在内，我通常都会把外包装拆掉后使用。食用油之类的东西，就尽可能选择小瓶装。包装去除后，放在做磅蛋糕的模具里，置于炉灶旁边。盐、糖、生粉等装在玻璃罐里，并列摆放在炉灶旁。

决定主色调后统一感呼之欲出

我家的基本色调有三种：木地板的棕色、墙壁的灰色和墙壁的白色。厨餐厅又追加了不锈钢的银灰色。其中，又加入作为重点色存在的黑色。水壶、厨房卷纸架、锅盖架、垃圾箱等，都统一成黑色，营造出庄重低调的气氛。

定下主色调之后，无论买什么东西都不会为颜色烦恼了，只要能保持空间整体颜色协调就行。

细节与心思带来舒适感

去掉出售时的包装和标签

市面上售卖的洗涤剂和调味料，包装和标签都有鲜明的主张，非常扎眼，所以我会尽量去除。厨房用洗涤剂也拆掉了包装，顺利融入我家的厨房。洗手液我很喜欢用"无印良品"的PET替换瓶。

水槽滤网放在陶罐里，可以隐身

为了让容易脏污的下水道周围保持整洁，我会在触手可及的地方常备水槽滤网，放在陶罐里。实际上这个陶罐是我的第一件陶艺作品。一直不知道怎么用，毫无目的性地放在厨房里，不如就用来收纳水槽滤网吧！水槽滤网因此从视线中完美地隐藏起来。

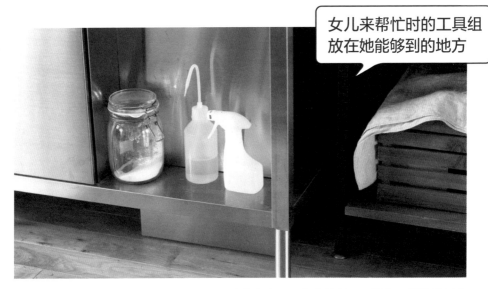

女儿来帮忙时的工具组放在她能够到的地方

最近女儿常常会给我打下手。我把给花花草草浇水的任务交给她了，她每天都勤勤恳恳地帮我干活。因此，浇花时用的带喷嘴塑料瓶和喷雾瓶，我都放在她能够到的低处。旁边的玻璃罐里放着洗碗机专用的洗涤剂。

药品和洗涤剂放在不容易拿到的地方

厨房周边清洁时会用到的含氯漂白剂等，因为担心女儿误食，我都放在她拿不到的地方。我把这些清洁用品整理收集在托特包里，挂在比较高的位置。要用的时候拿下来，用完再放上去。托特包的材质是我很喜欢的亚麻。

钟爱的家居品牌

宜家是我钟爱的家居品牌。第一次去宜家时，我还是学生，从家具到杂货，看到那么多便宜又好看的东西，被这光景深深感动了。结婚的时候、为宝宝出生做准备的时候，在人生的不同阶段，入手的东西各有不同，但对宜家的喜爱没变过。

宜家的优点在于风格简单又容易搭配。即便同一样东西，不同人会有不同的用法，可以通过自己的创意来自由利用。

最近我女儿也很喜欢宜家。一家三口去逛的时候，热狗和冰激凌是她必须吃的东西。还有，最近我沉迷于那里的甜果汁饮料。

我家有很多宜家的产品。尤其是厨房，宜家产品无处不在。菜刀、小刀、削皮器、厨房剪刀等，都收纳在带磁性的工具挂架上。其他像瓶罐、咖啡滤杯等，我也找到了喜欢的品牌。

工具挂架

工具挂架和S形挂钩组合后的墙面收纳。刮刀当然要挂起来，锅垫、饭勺、咖啡滤杯等，常用且喜欢的东西都并排挂在一起。

玻璃密封罐1

小小的玻璃密封罐，用来盛放盐、糖、生粉、混合香料等。大的密封玻璃罐则用来放高汤料包。

高脚杯

这款高脚杯日常用刚刚好，还能叠起来收纳。

玻璃密封罐2

这些密封罐有时用作凉水瓶，有时也放小饼干。用途很多，是我珍贵的宝贝。

大浅盘

女儿的朋友来家里玩时，我会在这个大浅盘里放上点心，端给她们吃。因为是竹制的，可以安心叠放起来。

凳子

这种凳子可以供客人坐，也可以当床的边桌，使用灵活。有时也成为女儿的绘画桌。可以叠在一起收纳，不占地方。

平底煎锅

我比较常用的平底煎锅品牌有宜家、工坊aizawa、柳宗理等。

好的器皿是永恒如新的日常设计

　　我对器皿很感兴趣。辞掉公司工作，转而去杂货店后，我了解到许多手工艺作家相关的事。一有时间就会去看器皿，逛各种店铺。益子的陶器集市也拜访过好几回。以前，我喜欢那种乍一看很可爱的东西，最近慢慢开始关注形状、材料、颜色等整体的平衡感。拥有不显而易见的亮点，这类东西往往更吸引我。

　　我家的器皿，都是我一样一样从名家作品里挑选出来的宝贝。我对纯手工制作的器皿充满热爱，想要好好地爱护它们，一直用到我变成老太婆为止。好的器皿，不仅能丰富餐桌，还能丰盈内心。

器皿中的明星成员只有这些

把平时最常用的器皿定为"明星成员"，有助于更高效地完成家务。我家放在微波炉上面的是早餐套装。早上我们大多吃面包，以浅盘类的食器为主。这样的餐具便于快速盛好大家的早餐，再快速收拾干净。墙壁搁板上放的是晚餐套装，以饭碗、汤碗为主，陈列着常用的食器。

站在厨房里望出去，这样摆放餐具好像很占地方、不方便活动。然而收纳取决于家务动线，这样摆放会让工作变得更轻松。剩下的器皿，则一起收在大碗柜里。

无论怎样的器皿都怀着物尽其用的心情

哪怕是我很喜欢的名家制作的器皿，平时也一定会拿出来用。器皿只有使用才有价值。如果害怕弄坏，从来不用只拿来做装饰的话，就无法感受到器皿真正的妙处。

因此，日常的餐桌上也好，给女儿装点心也好，我都会使用名家制作的器皿，丝毫不觉得可惜。孩子也很小心地使用，一次都没有摔坏过。

匠人制作的器皿——永恒如新的日常设计

Onoe Kouta

在东京八王子开有工坊的
Onoe Kouta的作品。给大家
分装一大盘菜肴时，这个大碗
就极其适合。尤其是盛沙拉的
时候格外美丽，有着无与伦比
的轮廓和线条。

渡边kie

渡边搬到益子居住之后制
作的器皿，自然的线条
中，带有美得无法形容的
精细。形似陶器的瓷器小
碟，我通常会放一块牡丹
饼，或者装一些腌菜。

桑原典子

哑光的质感和薄而纤细的碗口，让我一见钟情。杯子用来装咖啡，小碗装水果和酸奶。休息日的早餐我会用上桑原典子的器皿，享受一段奢侈的时光。

中村惠子

益子的人气陶艺家中村惠子，她的器皿是胖墩墩的样子，有一种手工制作才有的温度。前些日子，我买了一家三口的饭碗。用上这个碗，白米饭都变得更加美味了。

今井律湖

自从在益子的陶器集市见到今井律湖的作品后，我便迷恋上了她的风格。虽然我一直都很喜欢哑光的器皿，但益子烧那种略带土气和艳丽的感觉，却让我一言难尽。这是我和先生每天都会使用的马克杯。

Uda Masashi

大约四年前，我给女儿买了辅食用的木勺子，以此为契机，开始收集Uda的作品。刀叉、食器、灯罩、砧板，无论哪一样都是我家不可缺少的存在。

樱井薰

樱井小姐前几年开始制作陶器，她的作品拥有很强的透明感。这个配色让我心跳加速，不假思索就买下了。用来盛放水灵灵的水果和沙拉刚刚好。

成井窑

我家的饺子都会装在成井窑的大浅盘里、然后端上桌。略带乡土气息的盘子，每一只都拥有不同的表情，我的原则是只要碰到喜欢的，就立刻买下。关键是价格也很合理，让我很开心。

井山三希子

我选择食器的标准是长年累月都爱不释手。纯手工制作的食器，包边会给人一种温柔的感觉。鲜明的白色和哑光的质感，不管什么料理都会被映衬得很好看。我们主要是早餐时用来装面包和热松饼。

町田裕也

町田先生制作的器皿，能让人在简单的设计中感受到温暖。我经营的商店中也有售卖它的作品。这种朴素大方、日常实用的食器，让人珍爱无比，每天都会使用。

家的要点 **4** 在有趣的陶器集市寻找爱用之物

虽然我出生在日本栃木县，住在当地的时候却一次都没去过益子陶器集市。直到七年前，我才开始往那里跑。为了拍摄网络上发布的早餐照片，我想了解更多关于器皿的知识，同时也是为将来开店做准备，希望认识更多手工艺作者。

去到之后被吓了一跳。要说世界如此广阔之类的话，也许有些夸张。然而有这么多手工艺作者，有那么多种类的器皿，竟然存在这样一个世界，我的内心雀跃不已。

决定去益子陶器集市之后，要查看想去的区域，联络想见的人，接着一家人整装出发。两天一晚的行程相当忙碌。

自此以后，去春季的黄金周和秋季的益子陶器集市，成为我家雷打不动的固定活动。

　　益子陶器集市有大约50家店铺，此外还立着数量众多的帐篷，客人能够和工艺品作者直接碰面。近年，很多新晋陶艺家都参与到益子烧的制作中，使它变得更有人气。

这些是在陶器集市上邂逅的今井律湖的作品。她做的杯子是我家每天都会使用的爱物。

第四章

家的轻松收纳

Storage

善用篮子、箱子、袋子

布袋子里一件一件、木箱里一件一件……其实很早以前，这种轻快利落的收纳法，我就无意识中作为整理的一个环节在实践了。女儿出生之后，零碎的东西越来越多，我开始有意识地将物品分门别类放入篮子里。曾经也试过用塑料箱收纳，然而那景象怎么都叫人沉不下心绪，于是就放弃了。

在自己喜欢的篮子里轻松收纳，这样做的好处有很多。虽然带有区隔的抽屉感，却不用将物品像放入抽屉一样严丝合缝地放进去。不管怎么说，篮子并排放在一起的样子很可爱。零食篮子、便当盒篮子等，只需要决定用途和地点，便能迅速整理好。

不知不觉中，我家攒下了许多篮子，数了一下，总共有 30 个篮子活跃在收纳的第一线。从大到小有各种类型，材料和形状也都各异。我很少会想好了用途再买，通常都是被外观吸引，买回来后再考虑该怎么使用。除了篮子之外，还有白铁皮箱、瓦楞纸板箱、苹果箱，以

（左）打扫时，我基本都会用放在洗脸池旁边的吸尘器。

（右）起居室电视柜下面，也用篮子进行收纳。左边的篮子里放着零碎物品，右边的篮子里放着先生的物品。

及纸袋、环保袋等袋子类，都在不同的收纳中大显身手。

进行轻快利落的分类收纳时，我只定下一条原则：按类型区分物品。仅仅是把琐碎的物品归拢在一起，没想到打扫所费的工夫以及自己的干劲，都和之前天差地别，大大地提高了家务效率。

曾几何时，我也憧憬过杂志上那种井井有条的整理收纳方式，但很明显，并不适合生性懒散的我。我认为收纳最重要的是不勉强自己，在一直能坚持下去的范围内进行。

方便好用的苹果箱

最初为了方便买回来的木箱，后来从社交网站上才知道那是"苹果箱"。因为便宜且好用，我后来又回购了。总而言之，这是我家的大宝藏！可以横向纵向自由放置物品。衣服、玩具、锅，尺寸够大，什么东西都放得进去。像架子一样叠起来也行，因为木头的纹理很好看，还能用作拍照时的小道具。去野营时，作为装东西的行李箱，到了目的地摇身一变成桌子，用途颇多，绝不局限于收纳。

彩色盒子、塑料制品和我家的氛围不搭，遇到苹果箱真是太幸运了。

苹果箱有带底和没底两种类型，根据场景的不同选择使用。尺寸大约是宽30厘米、长62厘米、高31厘米。

衣橱的地板上，放着七个苹果箱。即便重叠起来也很有稳重感，和篮子放在一起非常和谐。

厨房工作台下方的空间放置苹果箱，有效利用了死角。没有底的苹果箱，竖起来刚好作为间隔。尺寸合适，外观也好看。

灵活而小小的步入式衣橱

为了扩大公共空间，我把卧室的空间压缩到最小。因此全家人的衣服，就只能下一番功夫，灵活运用有限的空间来收纳了。

先生爱好穿着打扮，他执着于能和卧室、走廊连接的步入式衣橱。早上起来，进入衣橱挑选西装，再走向浴室……这样动线就形成了。衣橱里收纳的只有我和先生两人的衣服。上半部分并列着黑色盒子，里面是包、帽子等小物。苹果箱重叠起来制成的架子，用来放裤子、裙子、衬衫、T恤、袜子等衣物。顺便说一下，衣橱里有七成都是我先生的东西。搬家的时候，我决定实行断舍离，处理掉了一大部分自己的衣服。

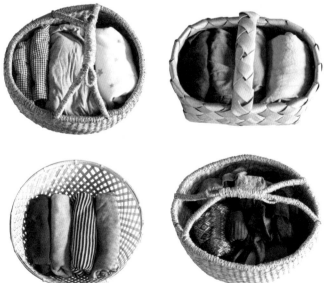

衣橱里没有抽屉。这是
先生的袜子篮子、睡衣
篮子等，篮子仍旧活跃
在收纳一线。

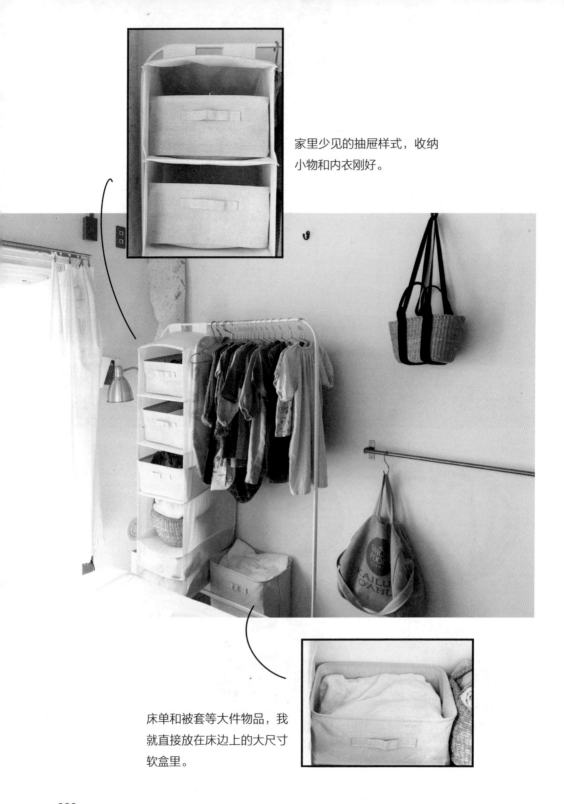

家里少见的抽屉样式，收纳小物和内衣刚好。

床单和被套等大件物品，我就直接放在床边上的大尺寸软盒里。

090

"洗衣服→即刻整理"的体系

洗衣服是每日必做的事。阳台在房子的南侧，给晾衣杆留出的空间刚好在卧室前方。取下晒干后的衣物，直接整理收拾就会很方便，考虑到这一层，我在床边设置了架子。

落地挂衣架再组合悬挂置物架，放入作为抽屉使用的软盒子里。主要收纳女儿的外衣、内衣、床单等。

由此，让人心情愉悦的家务体系就搭建好了：洗好的衣服收下，然后直接整理。

根据动线使用包袋收纳

　　起居室入口附近的抽屉柜一侧、玄关墙壁的挂杆上，我家到处都挂着袋子和包包。这也属于像模像样的收纳场所。装手帕的袋子、装就诊卡的袋子、装雨具和户外用品的袋子……每一个袋子都有它自己的角色，换句话说，代替了抽屉的功能。

　　重要的是动线。根据出门前的顺序，我一一安排了袋子的位置。就诊卡等重要的东西放在房间中央，手帕和环保袋等出门的必需品放在玄关附近。决定物品的使用场景后再放置，不仅能把家里收拾干净，也不容易忘东西。每一个都是我喜欢的袋子和包包，不会破坏家中的风景。

重要的东西

　　起居室的抽屉柜一侧，就诊卡和积分卡等东西归拢后，放在抽绳袋里。因为正处家中央，出门前把必需品取出来带在身上。女儿的背包一直是空的，周末出门前她会选择想要的玩具放进去，背上包出去。

出门的物品

　　玄关挂杆上挂着绿色带子的托特包，里面装有吹泡泡机、游戏地垫等外出游玩的物品。白色托特包里是雨衣和除虫剂。自己做的蓝色布袋子里装有大量环保袋。白色环保袋里放着手帕。

百看不厌的款式在收纳中大显身手

对于日常生活用品，简单却百看不厌的款式非常好用，哪怕坏了、丢了，也能买到类似的产品，这一点叫人安心。

这种低调看似没太多个性的产品，从洗漱台的大镜子、到浴室的海绵和毛巾，各种各样的东西我都很爱用，值得大书特书的是收纳类。硬质纸浆、帆布、不锈钢、纸板盒和篮子，全都是珍宝。这些收纳产品设计让人觉得舒服，用起来也方便，主要放在需要干家务活的区域周边。塑料制品虽然很好用，但并不太适合我家的氛围。

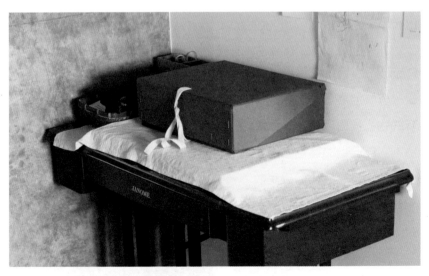

我家到处都放着金属包边盒。

1.2. 不锈钢的篮子有好几个，收集小物品使用，也会放厨房巾和毛巾。

3. 墙壁搁板上的白铁皮盒子和文件盒，凡是工作相关的文件都归拢在这里。

4. 放在衣橱里的硬质纸浆盒，里面是替换用的睡衣。

玄关也是开放式收纳

当初搬家的时候，女儿只有两岁，还要乘坐婴儿推车，因此我下了一番力气来扩大玄关的空间。为了扩大玄关的宽幅，只好缩减左侧的卫生间面积。新增的那部分空间，做了墙壁搁板，三个人的鞋子并排放在上面。这里没有装门，所以毫无压迫感，却能感觉到宽敞和开阔。对面的墙壁安装了挂杆，出门所需的东西都装入托特包后，挂在上面。为了在较高的位置挂东西，墙壁上还安了几个挂钩。

如同预期一样，宽敞又便于使用的玄关打造完毕。不想放太多鞋在刷了灰浆的水泥地上，平时需要注意，回家脱了鞋就要把鞋收起来。

墙壁搁板旁边是挂钩，钥匙也挂在这里。

挂杆上有若干S形挂钩，下面挂着两个托特包。

靠墙放的梯子上也挂着布袋，梯子对折的话还能挂毛巾。

墙壁搁板上面，放不下的凉鞋、拖鞋都装在篮子里。

篮子里装满了鞋撑。

卫生间小而紧凑

为了扩充玄关面积，我家卫生间的空间就只能缩减了。优先考虑空间大小和使用便利程度，于是撤去了卫生间的门。

卫生间紧凑地收纳着化妆品、发蜡、清扫工具等琐碎物品。我在各个角落都放置了看不到里面内容的盒子和篮子，作为抽屉使用。

我对卫生间的执念是软地板垫。本来也考虑过用瓷砖，但预算已经超支，所以就选了有小孩也很安心的软地板垫。展示室有许多类型的样品，我一眼就相中了拼花图案。安装好之后看起来很棒。

卫生间里的可爱细节

看到这个篮子的时候，脑海中闪过一个念头——就当作牙刷篮子吧！恰到好处的隐匿感，正是我中意的地方。

折叠壁挂式化妆镜，化妆时太方便了。

为搭配墙壁搁板的支架颜色，
卷筒纸架选择了黑色。

每一样物品都仔细挑选

白铁皮盒子放我的东西，篮子里收纳先生的东西。下面悬挂的篮子里放梳子等物品。

卫生纸一卷卷放在网状袋子里。

宽而深的四方形水槽方便使用，非常推荐。

洗手台前的大镜子也很好用。

家的要点 **5** 减少清扫的种类

　　地板用、卫生间用、浴缸用……尽量避免买各种各样的清洁剂，我家在打扫时只用一种清洁剂，那就是小苏打起泡清洁剂。从浴室到厨房哪儿都能用，也是对皮肤很友好的环保清洁剂。我很中意的一点是它的清新桉树香气。由于太喜欢这种味道，连打扫都变得愉快起来。

洗手台下面的篮子里，放着小苏打清洁剂和洗衣液、洗发水等物品的备用品。

小苏打起泡清洁剂连擦地板时都能使用，真的相当方便。我会常备一些存货。

垃圾箱的数量很少

公寓24小时都可以扔垃圾，所以家里并不需要大型垃圾箱。但拿着垃圾袋到处收垃圾也挺费时的，于是我在家里三个地方设置了垃圾桶。可回收垃圾只要产生了，立刻就拿到收集的场所去。只要有不让垃圾堆积起来的意识，家里很快就能收拾干净。

客厅和餐厅的中间，放着脚踏式垃圾桶。银白的颜色跟房间很相衬。

浴室入口处，放置一个白色小垃圾箱。

厨房灶台下面，并排放着两个垃圾桶。

第五章

孩子的东西

Child

听取孩子的意见

　　女儿出生之后，生活发生了翻天覆地的变化！总而言之东西增加了好多。我虽然不太擅长打扫，但在整理方面，好歹花一番功夫把家里收拾好了。我常常会教女儿："每样东西都有自己的家，用完之后就让它们回家哦！"玩具四处散落的情形很常见，但像剪刀、彩色铅笔、透明胶带等物品，她用完之后就会放回原来的地方。

　　自从女儿去幼儿园后，她的个性更加明显了。虽说我认为木头和毛毡材质的玩具比较好，但她会说想要卡通人物相关的，我尽可能满足她，而不是把自己的喜好强加于人。但我实在不喜欢卡通类物品一直放在外面，所以才准备了那么多篮子、箱子和架子，能够立刻收拾整齐。

　　需要注意的一点是，无论多么小的孩子都是独立个体，应该要尊重本人的意思。想做什么、为什么要做，一定要

幼儿园回来的路上，女儿摘了一朵路边开放的野花，带回家里。插入玻璃花瓶后放在厨房里。

留心听取孩子的想法和意见。最近女儿沉迷于摘花摘草，非常开心的样子，于是我就做了一顶花环给她戴。

　女儿拥有和我不同的性格，每当我看着她，就会重新注意到一些之前忽视的东西，日子便这样一天天过去。

爬墙虎叶子，住在附近的女性朋友送给女儿的。邻里之间的暖心往来，只有住在集体公寓才能感受到。

玩乐场所也用篮子收纳

为了方便女儿玩好玩具后自己整理，我准备了很多篮子和箱子，可以轻松收纳。渐渐用不着的东西，就藏在小高台下方和马口铁罐子里，保持对玩具的新鲜感，偶尔还能翻出来再玩一下。

书架上放不下的大绘本、折纸和绘画套装，直接放入篮子里。

手作圆锥帐篷是孩子的秘密基地

"想要自己的秘密基地！"女儿认真地请求我，于是我就给她做了一顶帐篷。做了一番功课后，我发现很多人都自制帐篷，意外地很简单。将6根棍子绑在一起，再把帆布缝住一部分，盖上去就大功告成了。

最初帐篷放在小高台上面，现在就直接放在沙发旁边，女儿把靠垫和毛巾毯抱进去，藏在里面午睡，玩得超级开心。卡通玩偶等不想暴露在外面的东西，也可以放到帐篷里隐藏起来，真是我家的宝贝！

比想象中更大，会碍事吗？虽然我这样想过，女儿却很高兴。

因为帆布很厚，稍微缝一下就完工了。

简单剪裁和沉稳配色的童装

对于孩子的衣服，我更喜欢买进口品牌的产品。法国的 Bonton、Bonpoint，伦敦的 Caramel、纽约的 Makie，这四个品牌我特别喜欢。虽然也在日本的专卖店买过，但是价格太贵，后来我就热衷于在跳蚤市场淘成色不错、只要几千日元的衣服。简单的剪裁和沉稳的配色，尽管看着不华丽，穿上去可爱的模样却很别致。

可爱的鞋子。孩子的脚很快就长大了。

先生会给女儿穿户外品牌的衣服，成了我们对周末的期待。最近从幼儿园回家之后，女儿会自己挑选想穿的衣服。

素雅古朴的配色，穿起来却有种说不出来的可爱。

女儿的可爱衣服中，
连衣裙居多。

沉迷于手作衣服

我在手工艺店看到过布艺作家 tomotake 制作的衣服纸样，便买了一个回家。以此为契机，开始亲手给女儿做衣服。刚开始，住在附近擅长缝纫的朋友会指导我，没想到连笨手笨脚的我做起来也很轻松，于是就深陷其中了。

连衣裙基本上按照身高来改变尺寸，袖口用皮筋一收，在同一个版型的基础上，再加一些变化。我会找便宜又好看的布料，有时也会用碎花布料和亚麻布料。考虑到下一年还能再穿，我会把尺寸稍微做大一点。比起市面上售卖的成衣，自己做能加入更多喜好。最近我正在考虑做自己穿的衣服。

连衣裙

在基本款的基础上，把袖口用皮筋收起来，立刻变成灯笼袖风格。

基本款

只需把袖子和大衣片缝在一起，再将前后身大片布料缝合，领口穿好皮筋就行了。虽然也要包边处理，但很简单。

连衣裙

这是我最早制作的一条连衣裙。特意做长一些，只要把下摆往上卷起来缝好，来年又可以穿了。

罩衫

缩短衣服的身长，一件套头罩衫就完成了。

在沉迷"过家家"中找到新事业

大约从2011年开始，我开始运营现在的instagram账号。最开始不太懂怎么玩，总之就把每天的早餐发布上去，一天一次。从此往后，感觉越来越有趣，连一向没长性的我都沉迷其中了。思考早餐的菜单让我乐在其中。把蛋黄酱、番茄、芦笋放在面包上烤，就成了花朵一样的吐司了，各种想法灵光闪现。

慢慢地，我想了解更多关于食器的知识，开始定期拜访益子的陶器集市。以此为契机，我又迷上了器皿，和喜欢的创作者开始有了工作上的往来。

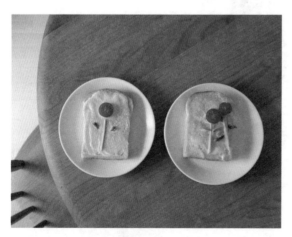

"花朵吐司"有很多种做法可以模仿，右边的吐司是我女儿制作的。

器皿、抹布、便当盒、袜子等，自己用过觉得不错的东西，也想推荐给大家。于是在2015年，我开始运营自己的网店"acutti"。我心中一直有个小小的念想，就是开一家属于自己的杂货店。在选品店工作时积累的经验，终于也落地成形了。

　　"acutti"的主题是"让每一天都更快乐的'衣·食·住'之店"，帮助使用者和创作者之间建立羁绊。商品的售卖虽然在网站上，但也会不定期和创作者一起开展线下活动和课程。

　　只要怀抱梦想，哪怕是小小的也好，最终我拥有了"acutti"的实体店。把大家联结在一起，让人们汇聚在一起，那便是我理想中的地方。不要焦虑，按照自己的节奏去做就好了。

名家的器皿、木头制的餐具，偶尔还会有小孩子的东西，店里收集了自己用过觉得不错的物品。

后记

绿意盎然、令人愉悦的微风吹过，我和孩子在这里优哉游哉地度过每一天。

这里，也是我和先生在寻找房子过程中都很喜欢的地方。

生活的模样有万千种，住的地方、用的东西、穿的衣服……选择标准和舒适的点也因人而异。

对我来说，舒适的关键点有这些：寻觅到和我家绝配的小地毯和老家具时；发现女儿和这种配色的衣服很相衬时；忽然想到那个篮子可以那样使用，然后拿起它在家团团转的时候……每天都会突然有感而发。

尽管很麻烦，也能从收纳中感受到快乐，十分舒畅。

"不这样的话不行"，不被这种条框所限制。

对我们一家人来说，心情愉快、可以自我成长的生活，就是我们每天想过的生活。

如果能给拥有此书的你一点点帮助，我就很开心了！

这是我第一次写书，感谢各位给予我的大力支持。

真的非常感谢！

慢得刚刚好的生活与阅读